求知识　重实践　讲创意　　小学至初中学生适读科普趣味丛书

少年科学乐园

漫游微世界

汇识教育（香港）　凌速文化 编

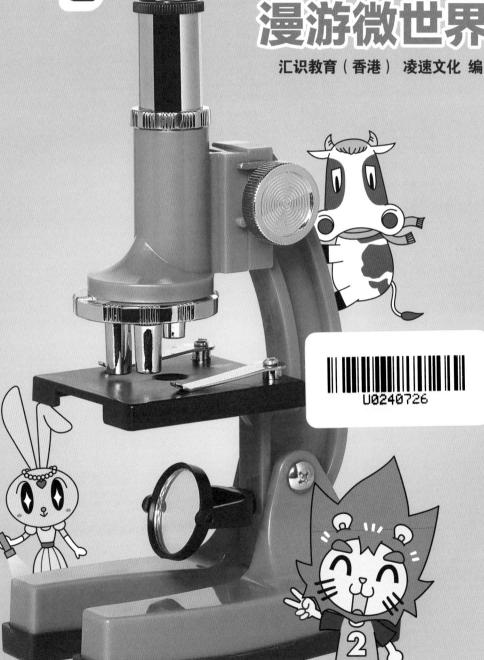

U0240726

江苏凤凰美术出版社

图书在版编目（CIP）数据

漫游微世界 / 汇识教育（香港） 凌速文化编 . --
南京：江苏凤凰美术出版社，2017.11
（少年科学乐园）
ISBN 978-7-5580-2389-7

Ⅰ.①漫… Ⅱ.①汇… Ⅲ.①漫游－少儿读物 Ⅳ.
① TH742-49

中国版本图书馆 CIP 数据核字（2017）第 241066 号

责任编辑　　王　璇
特约编辑　　陈　可　赵　菁
设计制作　　陈艳晖
策划统筹　　广州凌速文化发展有限公司
责任监印　　唐　虎

书　　名　**少年科学乐园·漫游微世界**
编　　者　汇识教育（香港）　凌速文化
出版发行　江苏凤凰美术出版社（南京市中央路 165 号　邮编 210009）
网　　址　http://www.jsmscbs.com.cn
印　　刷　深圳市精彩印联合印务有限公司
开　　本　787 毫米 ×1092 毫米　1/16
印　　张　4
版　　次　2017 年 11 月第 1 版　2017 年 11 月第 1 次印刷
标准书号　ISBN 978-7-5580-2389-7
定　　价　30.00 元

营销部电话 025－68155673 68155667 营销部地址 南京市中央路 165 号
江苏凤凰美术出版社图书凡印装错误可向承印厂调换
广州凌速文化发展有限公司
地址：广州市农林下路 81 号新裕大厦 12 楼 K 室　电邮：iec2013@163.com

目录

显微镜观察大行动

居兔公主被小人国国王顿牛用法术缩小了！公主青梅竹马的好朋友爱因王子为了拯救她，决定请教世外高人亚龟巫师，一起展开拯救行动！

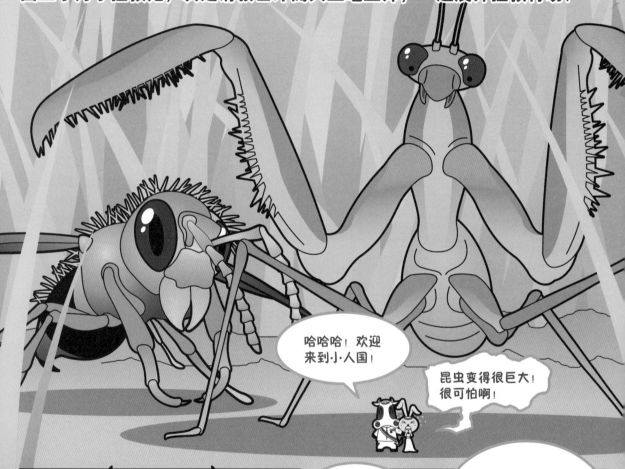

哈哈哈！欢迎来到小人国！

昆虫变得很巨大！很可怕啊！

公主被缩小了，我用放大镜也找不到她！请问有其他方法吗？

一般的放大镜最多只能把对象放大数倍。小人国的国民身高在1毫米以下，就要用显微镜来观察了！

显微镜的结构

显微镜是用来观察微小对象的光学仪器*。它的观察范围为 0.001 毫米（1 微米）至 1 毫米，即大约一个细胞至一只蚂蚁的大小。

* 光学仪器，即利用光的传播原理来运作的工具，如望远镜等。

先来认识一下显微镜的组成部分吧！

目镜
由一块凸透镜组成，是观察放大影像的地方。

物镜旋转盘
用来更换不同放大倍数的物镜。

目镜筒
用来固定目镜和物镜之间的距离。

物镜
各由一块凸透镜组成。实验器材共有三个不同放大倍数的物镜。

调节器
进一步调整物镜与观察样本之间的距离，以调校出最清晰的影像。

物镜筒
用来固定物镜和观察样本之间的距离。

载物台
放置观察样本的地方。中央的孔能让光线穿过样本进入眼睛。

反光镜
能将阳光或灯光反射到样本，提供充足光源来照射影像。

镜臂
手持显微镜的地方。

镜座
稳定显微镜的地方。

看起来真厉害！有了它一定能找到公主呢！

显微镜使用方法 ➡

＊注：套装版《少年科学乐园》另附观察胶片。

显微镜的使用

1 显微镜的光源

根据观察样本的性质，我们可通过以下两个途径，为显微镜提供光源。

观察透明样本：穿透式光源

在充足阳光或灯光的环境下，一边从目镜观察，一边调校反光镜的角度，使镜面向着光源适当倾斜，令光线能反射并穿透观察台的孔和样本，进入眼睛。

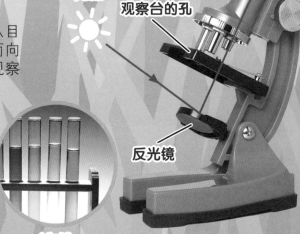

眼睛
目镜
光源
观察台的孔
反光镜

洋葱皮　　　　　昆虫翅膀　　　　　液体

⚠ 不要直视太阳或强烈灯光。

观察不透明样本：反射式光源

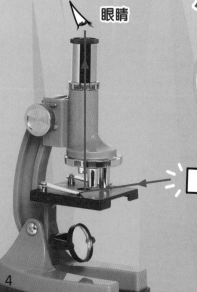

眼睛
光源

布料纤维　　　　邮票　　　　果皮／果肉

由于不透明样本不能让光线穿过，因此要将灯光直接照射到样本上，从目镜观察，让光线在样本表面反射，进入眼睛。

2 选择放大倍数

　　物镜旋转盘上印着100X、200X和450X，X代表放大倍数。如要观察放大450倍的影像，只要把旋转盘转动到450X的位置便可。

物镜旋转盘

目镜

3 放置胶片

观察台夹子

▲用手按着镜臂，慢慢地把胶片放入观察台的夹子下，样本与观察台的孔对准。

物镜

样本

⚠ 切勿让物镜和样本碰上，以免损坏物镜或胶片。

▲慢慢转动调节器，必须从显微镜旁边观察，把物镜调低至最接近样本距离。

4 对焦

▲一边从目镜观察，一边慢慢以相反方向转动调节器，令物镜上升至适当位置，使影像变得清晰。

对焦：450X 鸟羽

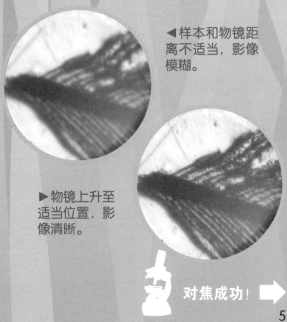

◀样本和物镜距离不适当，影像模糊。

▶物镜上升至适当位置，影像清晰。

对焦成功！ ➡

显微镜下的影像

每次利用物镜旋转盘选择放大倍数后，都要以上述方法重新对焦。观察胶片的影像在显微镜下清晰出现了！

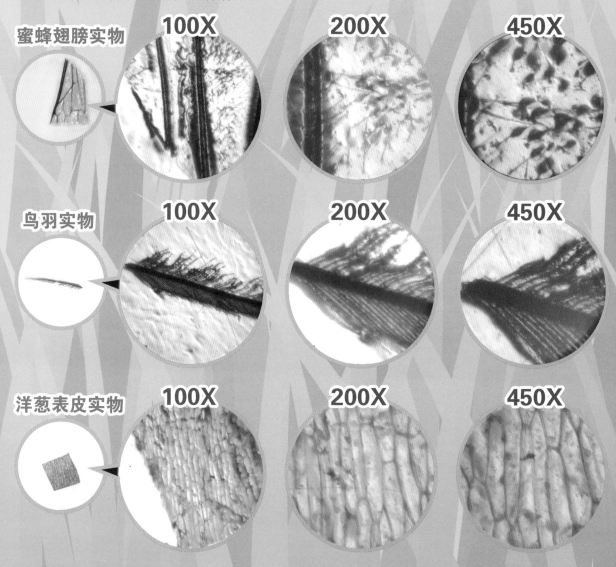

蜜蜂翅膀实物 100X 200X 450X

鸟羽实物 100X 200X 450X

洋葱表皮实物 100X 200X 450X

在移动胶片位置时，有没有留意到影像是上下倒转的呢？显微镜原理将在第16页解说。

学会使用显微镜后，立即收集样本吧！

收集了很多，但如何把它们放到显微镜上呢？

我教你自制样本观察胶片吧！

制作样本观察胶片

配套实验器材是一台切片显微镜，观察者须将样本切成薄片或压扁，固定在透明观察胶片（或玻璃片）上进行观察。

1 胶片纸样

按照显微镜观察台的大小，选择下列方法制作胶片：

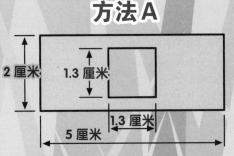

方法A

2 厘米
1.3 厘米
1.3 厘米
5 厘米

▲用卡纸剪出上图纸样。

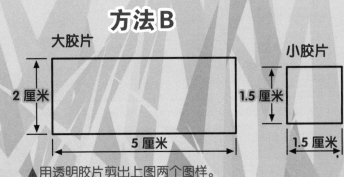

方法B

大胶片
2 厘米
5 厘米

小胶片
1.5 厘米
1.5 厘米

▲用透明胶片剪出上图两个图样。

2 抽取样本

⚠ 请小心使用剪刀或美工刀。

▼用美工刀或钳子切下和夹起观察对象的一小片。

洋葱皮

叶片

橘皮

样本

▲用钳子夹着样本放到胶片中央。

3 固定样本

用下列方法把样本固定在胶片上，并写上样本名称。

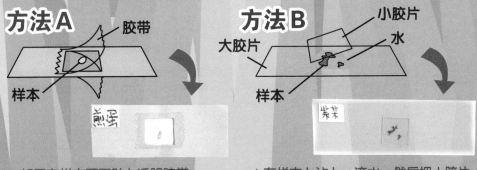

方法A

胶带
样本

方法B

大胶片
小胶片
水
样本

我要马上制作样本胶片寻找公主！

▲如图在样本两面贴上透明胶带。

▲在样本上沾上一滴水，然后把小胶片附在其上，溢出来的水可用纸巾吸走。

*注：套装版《少年科学乐园》的实验器材中另附一块空白胶片和辅助工具，方便大家制作自己的样本胶片哦！

显微镜观察手记

学会使用显微镜后，爱因王子带着工具，准备前去拯救居兔公主。

出发！

慢着！你忘了带记录工具啦？

记录工具？显微镜的影像可以记录下来吗？

当然可以！

记录方法1：画下来

用铅笔和白纸，将显微镜下的影像画下来，是最简单的记录方法。

自制显微镜并发现细胞的罗伯特·胡克（Robert Hooke），也是用手绘的方式将观察结果记录下来的。他还将研究结果和自己绘画的生物图结集成书，出版了《显微镜观察志》呢！

罗伯特·胡克

做法

◀如图将白纸放在显微镜的右边。（左撇子要将纸放在左边哦！）

工具

铅笔　白纸

▶以左眼观看显微镜影像，以右眼看着白纸绘画，两只眼要同时张开，看着不同的画面哦！

要经过练习才可以做到呢！

右眼

左眼

绘画图像　　显微镜影像

记录方法 2：拍摄下来

现代科技进步，除了用绘画方式记录观察结果，我们还可以用相机将影像拍摄下来。只需将相机镜头紧贴显微镜目镜部分，对准影像按下快门就可以了。

注意事项：
1. 不要用力压目镜，以免触动显微镜。
2. 用手电筒或台灯照亮对象，效果较佳。
3. 使用"微距"功能或手动对焦模式拍摄。

鸡肉 100X
手机相机
花瓣 100X
手机电筒

▲用数码相机拍摄可实时观看结果。

观察记录卡

将显微镜影像记录下来后，记住要写下观察物品的有关资料。数据记录齐全，研究时才能准确地分析结果啊！

我为你预备了右面这些记录卡，现在就出发吧！

观察物品：_____　　　日期：_____

放大率_____倍

顿牛这么爱吃，居兔公主会不会藏在食物盒里呢？

展开观察 ➡

食物盒观察记录

在食物盒里找不到居兔公主的踪影！

鸡皮 100X

鸡肉 450X

红色那一块是烧鸡腿用的酱油吗?

这就是鸡皮上的油脂吗?

糖 100X

放大的糖粒，形状原来是不规则的。

橙皮 200X

看到橙皮上的细胞。

椰丝 100X

隐约看到椰丝上的直纹。

蛋 100X

看起来平滑的煎蛋，放大了也是凹凸不平的。

紫菜 450X

放大 450 倍后，紫菜的细胞看起来也是一个一个的小圆形，跟橙皮和鸡肉分别不大呢！

饭 200X

做寿司用的白饭放大后竟然晶莹剔透？不过要记住，大米是水稻的种子，不是结晶啊！

虾尾 200X

原来虾尾上也有像鱼鳍的结构呢！

鱼子 450X

原来鱼子有着一条条的细胞，真有趣！

海藻 450X

海藻细胞是较瘦长的结构。

难道公主在这枝玫瑰花上？

11

玫瑰花观察记录

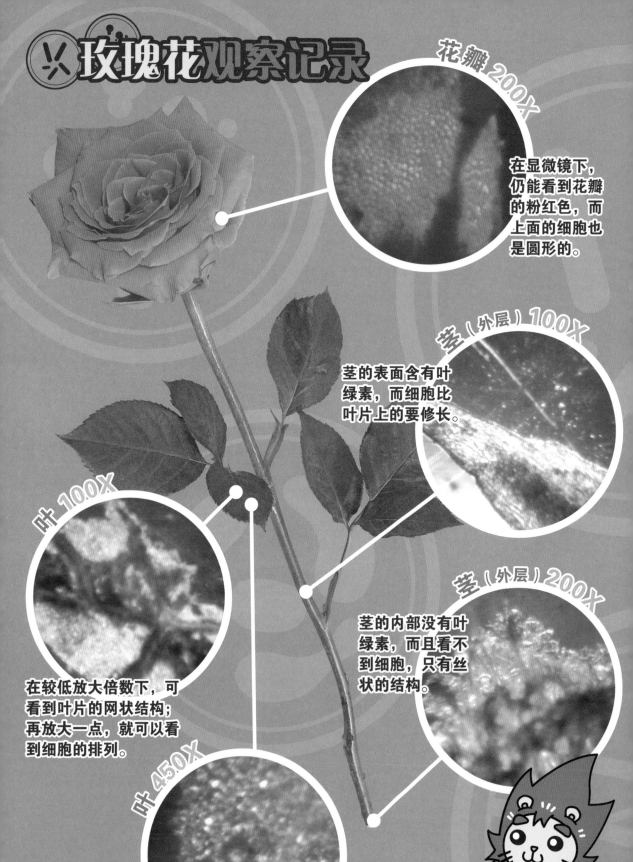

花瓣 200X

在显微镜下，仍能看到花瓣的粉红色，而上面的细胞也是圆形的。

茎（外层）100X

茎的表面含有叶绿素，而细胞比叶片上的要修长。

叶 100X

在较低放大倍数下，可看到叶片的网状结构；再放大一点，就可以看到细胞的排列。

叶 450X

茎（外层）200X

茎的内部没有叶绿素，而且看不到细胞，只有丝状的结构。

没看到居兔公主啊……

顿牛！一定是你把公主藏起来了！

头发（细毛线纤维）450X

原来纤维是中空的呢！

围巾（粗毛线纤维）450X

色斑（绒布纤维）450X

在相同放大倍数下比较，可看到组成粗毛线的纤维，比细毛线的粗呢！

虽然外观不同，但毛线和绒布都是人造纤维，在显微镜下看起来都是细条状的。

救我！

终于发现居兔公主了！

配套显微镜虽然可以放大450倍，但也不足够将公主变回原形……

我知道哪里有更精密的显微镜！

放大居兔公主

鸣谢部分相片及数据提供单位：
香港中文大学生物化学系
香港中文大学物理系中央实验室

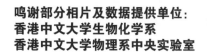

科学实践专辑 3
超级显微镜寻踪

爱因王子利用 450 倍显微镜，仍不能把公主变回原形。亚龟巫师决定带他到一个藏有超级显微镜的地方……

> 这里真的有超级显微镜吗？

香港中文大学生物化学系

> 陈博士，好久不见了！我想请教一下超级显微镜的原理和功能。

助理教授 陈浩然博士

> 没问题！就让我一一告诉你们吧！

光学显微镜（Optical Microscope）

光学显微镜是利用光的传播原理来运作的显微镜，模式可分为两大类：

正立显微镜（upright microscope）

▶光源由显微镜的底部向上射出，穿过样本进入物镜，再透过目镜产生放大倒置的影像。

眼睛
目镜
物镜
样本
光源
反光镜
放大影像

> 套装版另附的显微镜就是正立显微镜！

倒立显微镜（inverted microscope）

◀光源由显微镜的上方向下照射样本，然后穿过样本下方的物镜，再由反光镜反射到目镜，产生放大的影像。

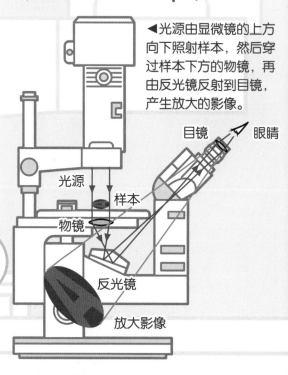

目镜　眼睛
光源
样本
物镜
反光镜
放大影像

现代光学显微镜

　　现在实验室使用的显微镜结构精密，解像度*甚高，而且接驳了计算机和相机镜头，可实时在计算机屏幕上看到样本影像，并拍摄记录下来。

* 显微镜的解像度：指它的透镜组合对样本细节的分析能力。解像度越高，产生的影像越清晰。

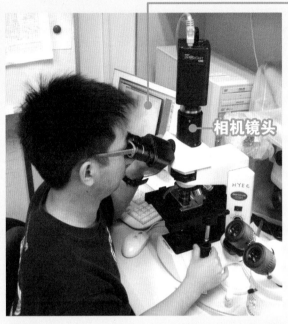

相机镜头

▲学生正利用显微镜观察果蝇样本，画面在屏幕上实时出现。

▲拍摄出来的果蝇复眼，放大倍数为100X，影像很清晰呢！

真厉害！

解剖显微镜（Stereo Microscope）

　　解剖显微镜，又称立体显微镜，载物台空间较大，样本不用切片也可观察到，适用于观察固体对象的表面，如电路板和宝石等。

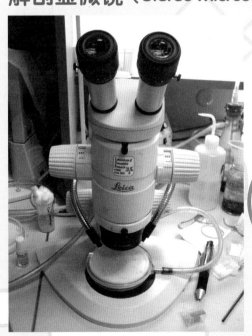

▲解剖显微镜含两块目镜，进入两眼的光线，分别来自样本的两个位置。两道光线的角度有微小差异，让双眼结合成立体影像。

荧光显微镜（Fluorescence Microscope）

顾名思义，荧光显微镜以荧光取代白光作为光源。首先在样本上加入荧光物质，然后将荧光照射在样本上，样本便会在显微镜下发出荧光。

相机镜头

荧光发射器

果蝇的胚胎细胞

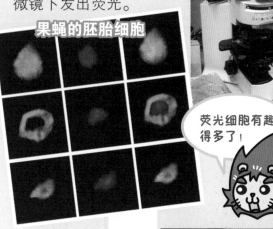

荧光细胞有趣得多了！

以细胞为例，由于细胞各部分性质不同，吸收荧光物质的能力有异。利用荧光显微镜，便能根据发出荧光的区别来确定细胞的不同部分，及它在不同环境里的活动。

由于细胞受到长时间的荧光照射会死亡，因此在观察活细胞时，必须在镜身上安装荧光活门，使荧光每隔数分钟才照射一次，然后把拍下的相片制成短片进行观察。

装置了荧光活门镜头的显微镜

盛载样本的器皿

升级版荧光显微镜

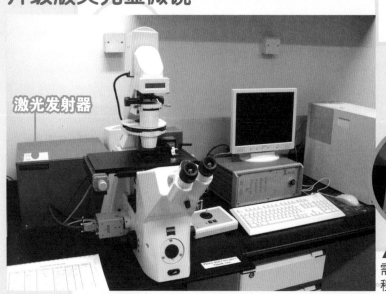

激光发射器

这台荧光显微镜的发射器很巨型啊！原来它除了以荧光作为光源外，还会利用激光来切割样本。

控制器

切割装置

▲只要在显微镜下，用控制器选择所需的样本部分，然后启动计算机切割程序，显微镜便会自动进行切割工序。

电子显微镜（Electron Microscope）

　　光学显微镜以可见光为光源，由透镜组合将影像放大，放大倍数受可见光的波长（0.4 ~ 0.7 微米）限制。当观察对象比这个长度小时，我们便无法进行观察。

　　电子有光的传播特性，而且波长较短。因此，利用电子代替可见光作为光源、以磁场代替透镜来放大影像的电子显微镜诞生了！

电子显微镜可分为两类：用来观察物体内部结构的穿透式电子显微镜（TEM），和观察物体表面组织的扫描式电子显微镜（SEM）。

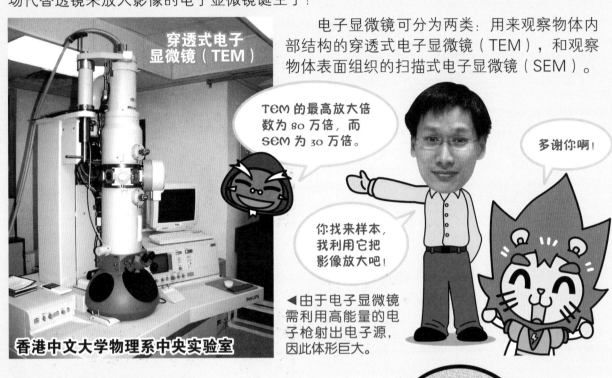

穿透式电子显微镜（TEM）

TEM 的最高放大倍数为 80 万倍，而 SEM 为 30 万倍。

多谢你啊！

你找来样本，我利用它把影像放大吧！

香港中文大学物理系中央实验室

◀由于电子显微镜需利用高能量的电子枪射出电子源，因此体形巨大。

电子显微镜的厉害！
例：SEM 下的果蝇眼睛

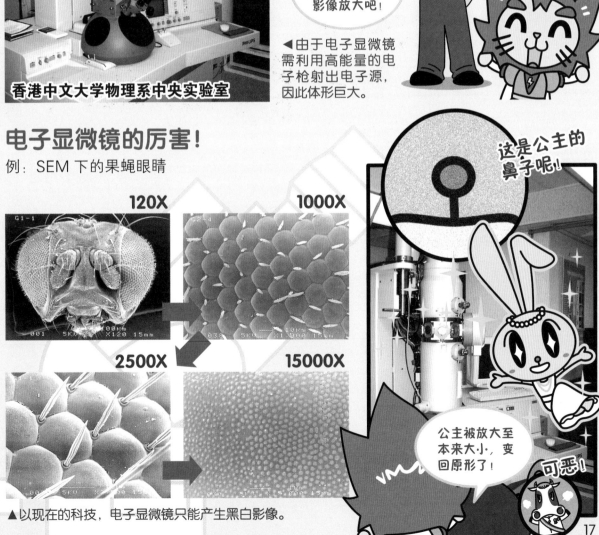

120X

1000X

2500X

15000X

这是公主的鼻子呢！

公主被放大至本来大小，变回原形了！

可恶！

▲以现在的科技，电子显微镜只能产生黑白影像。

探秘太空站

看过了显微镜下细微的世界，让我们把视线投向无垠的太空。现在，让超级飞侠米莉带我们一起探索空间站的秘密！

超级飞侠的新成员米莉生活在外太空，有渊博的科学知识和卓越的能力，太空站就是她的家！

从太空站可以俯视美丽的地球，进行对地观测和太空观测。

太空站：又称空间站。空间站是围绕地球轨道运行的大型卫星，有条件供宇航员在其中生活和进行各种研究，时间可以长达数周或数月。空间站的微重力系统，也可以让科学家们在那里进行许多地球上难以进行的实验。

多国合作的国际空间站。

空间站小历史：

1971 年，世界上第一个空间站发射成功，名为"礼炮号"。

1975 年，美国发射了他们的第一个空间站"天空实验室"。

1986 年，最大的空间站"和平号"，于拜科努尔太空发射场发射。2001 年，损毁严重的和平号坠落至南太平洋，结束了它的使命。

1997 年~2011 年，由美国、俄罗斯、日本、加拿大、巴西及欧洲太空总署共同推进的国际空间站分批发射至太空，这个空间站可载 6 人，工作寿命为 15~20 年。

2016 年，中国继 2011 年发射"天宫一号"之后，又发射了"天宫二号"空间实验室。计划在 2020 年，中国将拥有自己的空间站！

毛 的 5 大疑问？

1 毛和羽毛有什么分别？

2 毛的结构是怎样的？

3 羽毛的结构是怎样的？

4 毛和羽毛有什么用途？

猜猜上面这些毛属于什么动物？

5 毛和羽毛为什么有不同颜色？

答案在第 21 页。

老虎、猴子、松鼠、绵羊 …… 大部分哺乳类动物都长有浓密细毛；
企鹅、鸭子、白鸽、老鹰 …… 会飞不会飞的鸟类都长有羽毛。
你有想过这些毛或羽毛有什么用吗？
它们的结构是怎样的？
对动物的生活又有什么影响呢？

立即解答疑问 ▶

① 毛和羽毛的分别

毛和羽毛都是生长在动物皮肤表层的组织，它们的结构和用途有少许不同，也能用于区别动物分类：毛是哺乳类动物的特征，而羽毛则是鸟类所独有的。

我身上的是羽毛（Feather）。

我身上的是毛（Hair / Fur）。

② 毛的结构

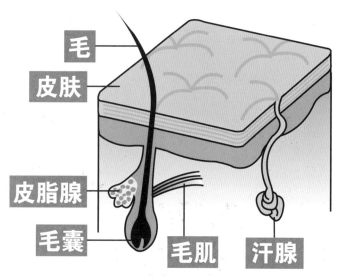

毛
皮肤
皮脂腺
毛囊
毛肌
汗腺

动物的毛其实是角质化蛋白质，从皮肤的毛囊生长出来。

毛囊的旁边有皮脂腺，可分泌油脂滋润毛的表面，并提供防水功能。除了皮脂腺外，毛囊旁边还有毛肌连接，当毛肌收缩时，毛就会竖立起来，可积聚空气，在体表形成隔热层，以绝缘方式减少体温流失。

很冷啊，我的毛全都竖起来了！

③ 羽毛的结构

鸟类的羽毛同样是生长在皮肤的角质化产物，以羽轴为主要骨干，两侧是羽片，根部没有羽毛的地方是羽柄，从皮肤底层内长出。

羽片由一系列平行排列的羽枝组成，羽枝上再交错长出羽小枝。部分羽小枝末端长有小钩，羽小钩互相扣紧使羽枝整齐排列。

羽轴

羽柄

羽枝

羽小枝

羽片

羽小钩

4 毛和羽毛的用途

动物的毛和鸟类的羽毛，同样有保持体温、保护皮肤、防水和吸引配偶等功用，而羽毛更有助于鸟类飞行。除此以外，它们还有下列特殊功能：

▲ 猫咪的胡须有触觉功能，可探测身处的环境。

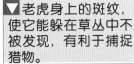

▼ 老虎身上的斑纹，使它能躲在草丛中不被发现，有利于捕捉猎物。

▲ 海獭喜欢梳理自己的茸毛，因为整洁的茸毛有助于在水中保暖和增加浮力。

▼ 成年雄性狮子长有大面积的鬃毛，使它看起来体形更大、更威武，以便吓退敌人。

▲ 毛不一定是柔软的，犀牛的角就是由一团毛聚合而成，除了可作防身武器，还可用来挖土觅食！

▼ 长在翅膀上的羽毛又称"飞羽"，是雀鸟重要的飞行工具。

▲ 猫头鹰的翅膀有特殊结构，使它飞行时悄然无声。

▼ 鸟类筑巢时会用羽毛作材料，为鸟蛋及小鸟保暖。

5 毛和羽毛的不同颜色

毛和羽毛有不同的颜色，是因为生长时有各种色素沉积，白色的毛则代表没有色素。而羽毛除了本身的色素外，它表面上的凹凸沟纹可折射光线，形成金属光泽的色彩。

沙漠狐

◀ 动物的颜色通常与生活环境相近，例如在沙漠生长的动物通常是黄色的。

▶ 羽毛色彩斑斓的鸟类，通常是雄性，它们要用羽毛吸引配偶。

孔雀

第 19 页动物竞猜答案

1 孔雀

2 家兔

3 野鸽

4 家猫

5 斑马

你都认出来了吗？

居兔公主贺礼
微波炉鸡蛋布丁

⚠ 以下实验必须在家长或老师陪同下进行。

实验用品：鸡蛋（3个）、砂糖（1茶匙）、打蛋器、微波炉专用容器、微波炉

◀ 把鸡蛋倒入微波炉容器中，加入砂糖，并用打蛋器打至起泡。（微波炉容器是能放入微波炉中使用的器皿，切勿使用其他器皿进行实验。）

◀ 把容器放入微波炉，以低火力加热3至4分钟。

⚠ 请戴上隔热手套拿取容器。

热腾腾的鸡蛋布丁
新鲜出炉！

鸡蛋布丁原理

搅拌蛋浆时，大量空气混入了蛋中，因此出现起泡现象。把蛋浆放入微波炉加热，蛋浆中的气泡便会受热膨胀起来。同时，由于蛋浆中的水分被蒸发走了，蛋浆就变成了半固态的布丁。

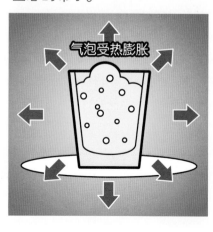

气泡受热膨胀

生日会

朋友过生日，亚龟米德老师举行了一个特别的生日会来庆祝！生日会的参加者都要准备一份与科学实验有关的礼物，不知爱因狮子等人预备了什么呢？

顿牛贺礼
忌廉变牛油

实验用品：有盖食物盒、纯忌廉*（约50毫升）。

* 忌廉：奶油的一种，新鲜白色牛奶制成的液体，比普通奶油清淡。

◄ 把纯忌廉倒入食物盒中，并盖好盖子。（纯忌廉又名厚忌廉，实验中使用越多，制作需时越长。）

可与朋友轮流摇晃盒子。

▲ 用力摇晃盒子5至10分钟，然后打开盒子看看……

自制牛油原理

纯忌廉是由牛奶制成的，牛奶中含有微小的脂肪球，它们被磷脂质的薄膜包围而分隔。当用力摇晃忌廉，这些脂肪球薄膜便会被破坏，聚集在一起还原成牛油。

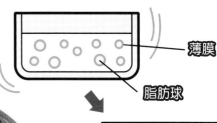

薄膜

脂肪球

牛油

纯忌廉竟变成了牛油呢！

▶ 把自制的牛油涂在面包上食用，格外美味啊！

爱因狮子的表演 ➤

23

谁准备了蜡烛作为礼物呢？

当然是我！老师将会协助我表演蜡烛魔术！

爱因狮子贺礼 1

水中的烛光

⚠ 以下实验必须在家长或老师陪同下进行。

实验用品：小盆（直径约 15 厘米）、冰水、蜡烛、打火机。

⚠ 注意冰水不要盖过蜡烛顶部！

◀ 把蜡烛放在盆里，并把冰水注入盆中。

◀ 请找家长或老师协助，使用打火机点燃蜡烛。

数小时后······
（视蜡烛的大小而定）

烛光竟潜入水中！

水中烛光秘密

　　蜡烛由蜡质（普遍为石蜡）和具吸湿能力的烛芯组成。当点燃蜡烛，烛芯附近的蜡质会受热溶化为液态蜡，然后液态蜡被烛芯吸收，在顶部化成气态蜡，在空气中燃烧产生烛光。

　　实验中，由于被冰水包围的蜡质没有受热溶化，只有蜡烛的中央部分溶化蒸发，所以造成了烛光藏在水中的假象。

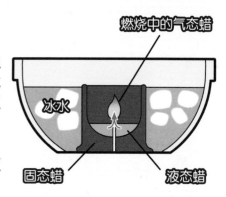

燃烧中的气态蜡

冰水

固态蜡

液态蜡

会喝水的蜡烛

实验用品：玻璃杯、蜡烛、含广告颜料的有色水、碟子、打火机。

◀先把蜡烛放在碟子中央。

用有色水看起来比较清楚呢！

◀然后把少量有色水倒入碟子中。

▲用打火机点燃蜡烛，然后用玻璃杯把它盖上。

蜡烛的火熄灭！有色水进了杯子里呢！

喝水蜡烛秘密

空气中大约五分之一是氧气，而物质需利用氧气来进行燃烧。当把蜡烛点燃，杯子里的氧气会在燃烧过程中，转化为二氧化碳。结果杯中空气的整体体积减小了，腾出了空间让水流进杯子中。

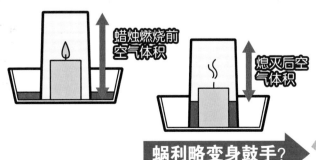

蜡烛燃烧前空气体积

熄灭后空气体积

蜗利略变身鼓手？

25

生日会当然少不了一首生日歌！就让我演奏一下吧！

蜗利略贺礼

玻璃杯生日歌

实验用品： 玻璃杯（高度约 15cm，8 个）、橙汁或水、筷子。

这是生日歌的演奏密码，先来准备玻璃杯乐器吧！

啪 啪 啪

生日歌演奏密码表

① ① ② ① ⑤ ④ ③
① ① ② ① ⑤ ④ ④
① ① ⑧ ⑥ ④ ③ ②
⑦ ⑦ ⑥ ④ ⑤ ④

▼ 将 8 个玻璃杯排成一行，第一杯注入大半杯橙汁，然后在其余的杯中依次注入减少了分量的橙汁。（请自行调校橙汁的分量至合适音调）

① ② ③ ④ ⑤ ⑥ ⑦ ⑧

▲ 依照演奏密码表，用筷子敲击不同的玻璃杯口，就能奏出生日歌的旋律！除生日歌外，小朋友们还可以尝试演奏其他美妙乐曲哦！

玻璃杯奏乐原理

　　声音由物质的振动所产生。当对象的质量（重量）越大，粒子间的振动速度和频率密度相对越少，所发出的音调会较低；相反，质量小的物件，发出的音调则较高。因此，实验中注入橙汁越多的杯子，发出的音调越低。

生日快乐！

制作时间：60 分钟
难度：★★☆☆☆

自制立体生日卡

大家不仅准备了科学礼物，还合力制作了一张立体生日卡。这张卡只要一打开，就会有一个立体生日蛋糕弹出来，卡面上还有自制的印章图案装饰呢！

一起来自制生日卡

27

立体生日卡

材料

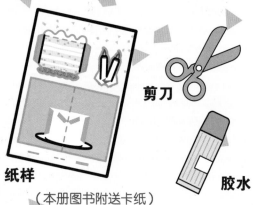

剪刀

纸样

胶水

（本册图书附送卡纸）

制作方法

1. 沿线将所有纸样剪下。

2. 沿虚线将生日卡对折。

3. 沿虚线将蜡烛纸样折好。

4. 沿虚线将蛋糕纸样折好。

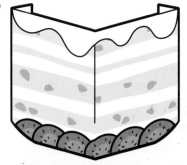

5. 用胶水将蜡烛纸样贴在生日卡上指定位置。

6. 将蛋糕纸样也贴在卡上指定位置。

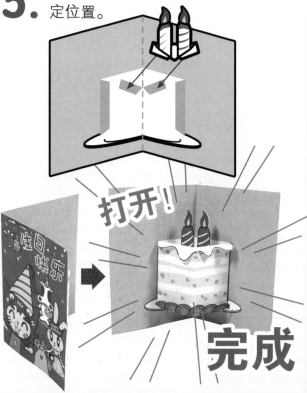

打开！

完成

装饰印章

材料

橡皮擦
（数量与所需字母
及图案相同。）

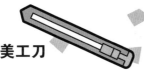

美工刀

⚠ 使用美工刀时必须
有成人陪同。

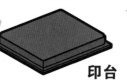

印台

油性水笔

制作方法

1. 用油性笔在橡皮擦上画上所需字母或
图案。

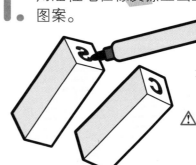

⚠ 绘画时要将字母
或图案左右倒
转，印出来才会
恢复正常啊！

2. 用美工刀将字母或图案以外的地方
切走。

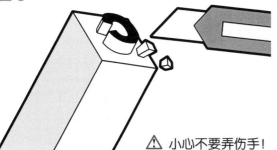

⚠ 小心不要弄伤手！

可选择其中一种方法，切走不同部分，
制作出不同效果的印章。

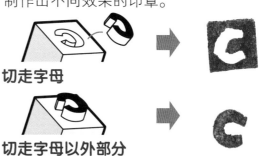

切走字母

切走字母以外部分

3. 将印章轻轻压在印台上，再印在纸
上，检查图案是否完整，有需要可
用美工刀进行修改。

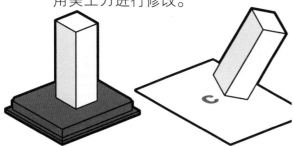

完成

参考图案

⚠ 注意：
自行设计图案时，可使用镜子协助，
找出图案左右倒转的样子。

立体卡的原理

立体卡利用了纸张折叠技巧，使它打开时可出现三维效果。

这张生日卡利用了一个最常见的技巧，就是将凸出的立体部分（蜡烛），用另一张纸制作，再贴在卡片上。

制作这种立体卡时，可借着改变立体部分的粘贴角度，造成不同的凸出效果。

其他简易立体卡

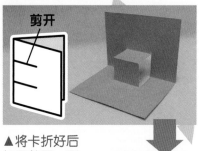

▲将卡折好后如图剪开，可制成立体底座，在上面设计站立图案。

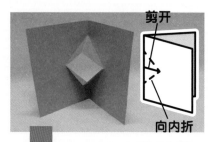

▲在卡上剪一下再向内折，即可制成立体嘴巴。

印章与印刷

印章是一个最简单的印刷技术。它的原理跟凸版或凹版印刷一样，都是利用版面凸出的部分沾上油墨，再直接转移到纸张上，印刷所需图案。

印刷过程：

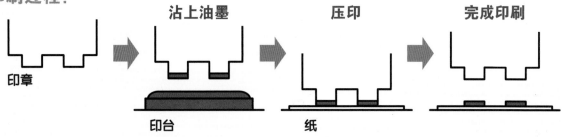

凹版和凸版的分别

凹版和凸版印刷的原理一样，不过它们挖空的部分刚好相反。凹版印出来时，图案会以反白的方式显现。

凸版

凹版

纸样

蛋糕

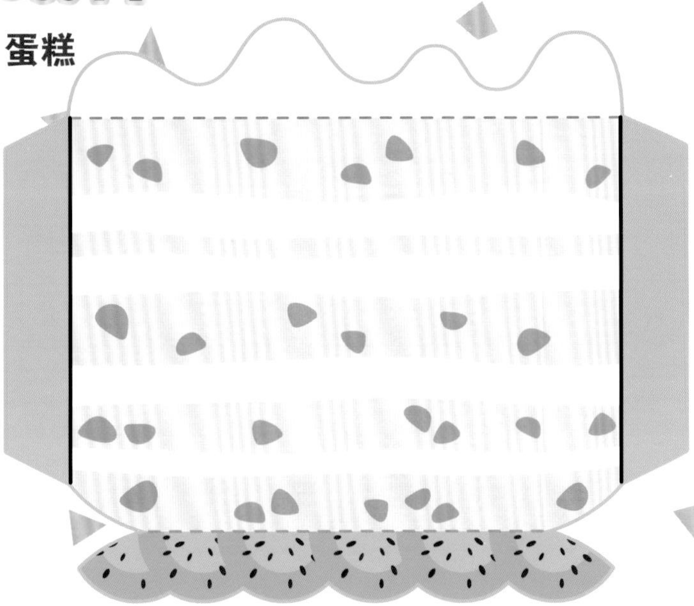

蜡烛

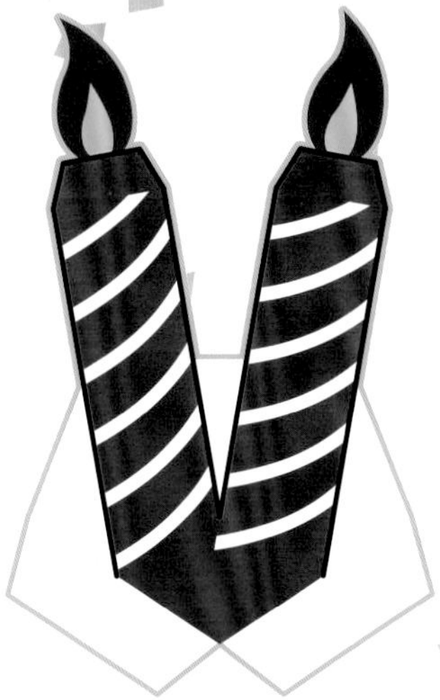

生日卡

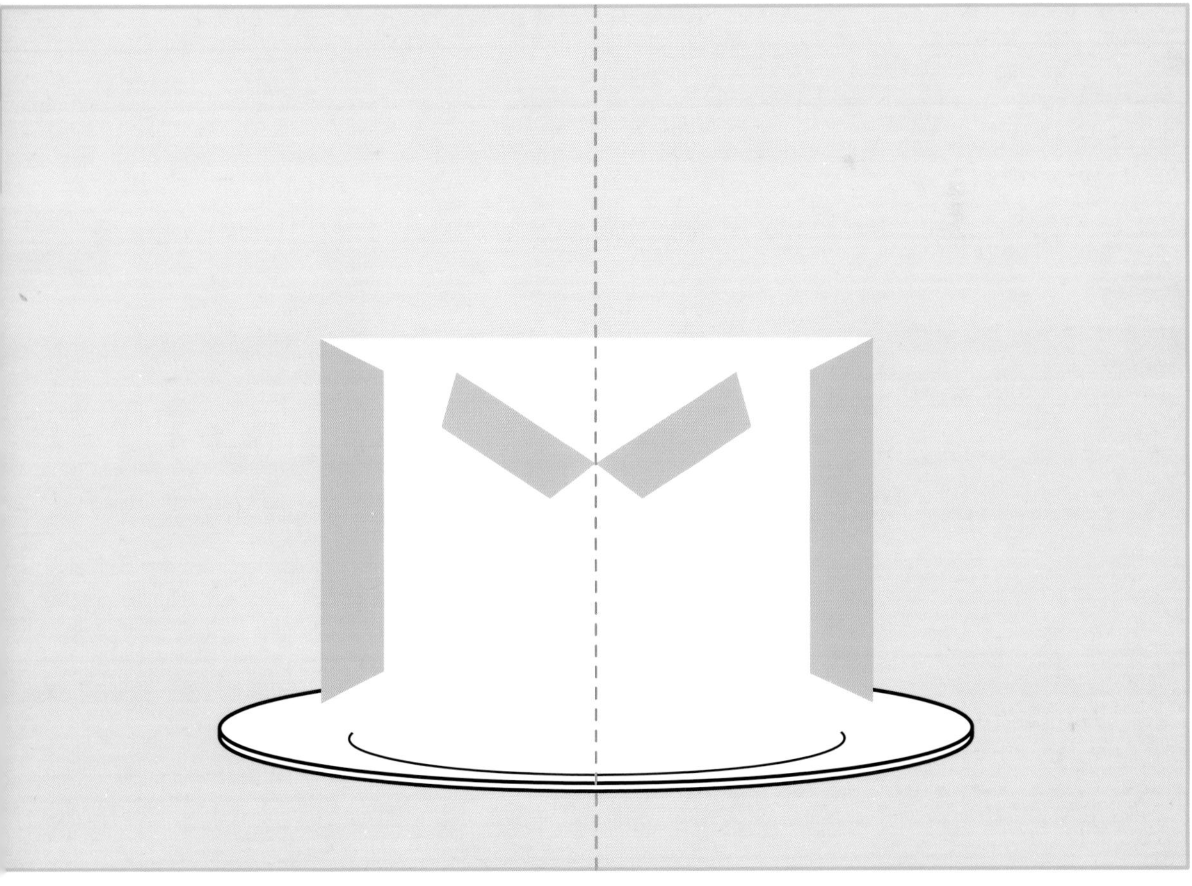

沿实线剪下　沿虚线向内折　粘合处

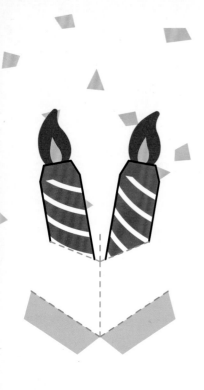

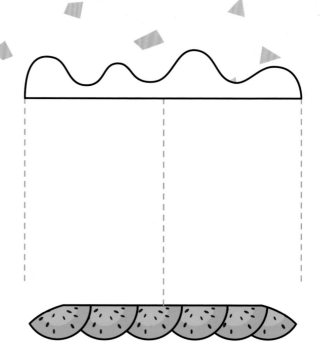

沿虚线向外折 ------- 沿虚线向内折 ------- 粘合处

凌速文化

为更好地掌握相关科学知识，未购买配套器材的读者，可扫此二维码购买单独的实验器材。

显微镜

高品质玻璃目镜，清晰护眼

放大率

100X

200X

450X

科学实验器材

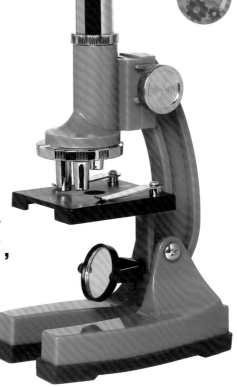

右图中的实验器材是为配合本册图书中科学实践专辑特别制作，规格参数与实验要求完全一致。

附送观察胶片

科学家必备工具
探索微小世界好帮手

为什么大提琴的弦按下后声音会不同？

声音由物体的振动产生，当我们用弓拉动大提琴的弦线，弦线便会振动从而产生声音；不只是大提琴，吉他、小提琴等所有弦乐器都是以此原理来演奏的。

振动长度　低音

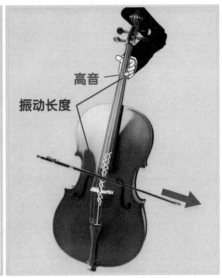

高音
振动长度

如果我们按下弦的不同部分，弦振动的长度和幅度就会改变，因此，它所产生的声音也会不同。

不过大家需要注意，我们要按在弦的正确位置上，才能发出不同音阶的调子，即 "do re mi fa so la ti"，否则只会发出噪音哦！

怎样知道对象是浮还是沉？

对象在液体中是浮还是沉，与其密度（重量除以体积）和液体的密度有关。以水为例，在 4 摄氏度时，水的密度刚好是 1。当对象的密度大于 1，对象便会沉在水中；而当对象的密度小于 1，就会浮起来。

乒乓球密度比水小

水

硬币密度比水大

为什么人运动后会感觉热？

在运动后，我们肌肉里的化学能，如食物营养、ATP（一种产能的生化分子）等，部分会转化为热能，使我们感到体温增加。虽然我们身体有排汗的机制，汗水蒸发时会将部分热能带走，但这个过程不如产热快，所以体温一时间未能下降至平常温度。

为读者解答科学疑难的曹博士，他究竟是如何成为出色科学家的呢？就由曹博士亲自告诉大家吧！

曹博士

曹宏威博士是香港地区有名的科学家，多年来一直乐于为大家解决科学疑难，破除迷信。究竟他是如何踏上科学家之路，又有什么科学成就呢？就由曹博士的忠实粉丝爱因狮子代大家发问吧！

这 DNA 模型很不错吧！它是我初到香港中文大学任教时给学生制作的，也是香港首个此类模型。

与偶像会面，我准备了很多问题啊！

科学人物：曹宏威
学历：香港中文大学崇基学院化学系学士
　　　美国威斯康星州大学生物化学系博士
　　　美国斯坦福大学药理学系博士后
现职：香港中文大学生物化学系客席教授
　　　香港科技普及协会会长
　　　香港科学顾问小组名誉顾问……

曹博士是如何成为大家的万事通的？

我于 1979 年开始在电视台亮相，后来每当有怪异新闻，如灵异照片、外星人、飞碟，或特异功能等，传媒都纷纷找我，要我从科学的角度分析事件真伪。我每次都拆穿了这些伪科学*事件，所以大家对我印象深刻。

大家不要相信没有科学根据的事啊！

* 伪科学，是指虚假的科学式骗局，有些人把它伪造成具有科学依据的样子，用来欺骗大众。

的科学世界

何时开始对科学产生兴趣?

其实我自小对文科、理科都感兴趣,对新事物充满好奇,爱求证。有一次刮风时,一只螃蟹爬进了我的实验室,我用液态氮*把它冷却,没想到它变得一碰就碎,失去了坚韧性!让我感到物质变化的神奇呢!

*液态氮(liquid nitrogen)是氮气在零下196摄氏度时变成的液体。

小·螃蟹对不起,请原谅我……

在考取博士学位时进行了什么研究呢?

香港中文大学的生物化学实验室

我最初研究细菌的"心理喜恶",证明了它害怕重金属离子、害怕酸。我想办法钉住细菌的鞭毛,揭开了当时连显微镜也看不到的细菌动态,了解到它们如何游动*。这些都是很有趣的问题啊!

*细菌(bacteria)在水中的一种游动行为,称为向化性(chemotaxis)。

大肠菌是靠体外螺旋形鞭毛的旋转方向来游动的呢!

最近正忙于什么呢?

今天的我仍喜欢事无大小地进行探索研究。退休后,我多了时间研究感兴趣的事物,例如钻研数多酷(数独,sudoku),研究它背后的规律、能否用符号或文字代替数字、提示的数目最少要有几个等等。

曹博士研究过的有趣问题
Q1: 如何移动一种气体?
Q2: 古时如果真的有喷火龙,它会是什么动物呢?
Q3: 一条长长的 DNA 是否会打结?
Q4: 若数独的数字可重复使用,会更好玩吗?

要成为一个"万事通",要广交益友,也要多从生活中发掘问题,并下定决心找出答案。我家中有一块黑板,朋友来时会请他介绍自己的学习心得!

曹博士的求学精神真值得我们学习呢!

大侦探 福尔摩斯
SHERLOCK HOLMES

常识大百科

备受欢迎的儿童小说《大侦探福尔摩斯》的主角们带你探索常识大世界！动植物、人体、食物、天文……包罗万象，让你秒变常识达人！

登场人物介绍

福尔摩斯

居住于伦敦贝格街221号B座。精于观察分析，知识丰富，学过拳术，是伦敦最著名的私家侦探。

华生

曾是军医，为人善良又乐于助人，是福尔摩斯查案的最佳拍档。

李大猩&狐格森

苏格兰场（伦敦警察厅的代称）的警探，爱出风头，但查案手法笨拙，常要福尔摩斯出手相助。

爱丽丝

房东太太的亲戚，为人牙尖嘴利，连福尔摩斯也怕她三分。

小兔子

扒手出身，少年侦探队的队长，最爱多管闲事，是福尔摩斯的好帮手。

少年侦探队

流落伦敦街头的流浪儿童，听令于小兔子，最擅长收集街上的情报。

木质素和纤维素有如混凝土与钢筋！

香蕉树不是树？

虽然香蕉树像树，但它不是树啊！

你家不够大，根本不能种树。

如果我家有棵香蕉树，就能随时吃到新鲜的香蕉了。

草本植物

植物中含"木质素"和"纤维素"，如果把植物比喻为建筑物的话，"木质素"就是混凝土，"纤维素"就是钢筋。树属于两者皆有的建筑物，而草则只有钢筋而没有混凝土。由于香蕉树内没有"木质素"，所以它只是巨型的草本植物，严格来说，不能称为树。

叶

茎

▲看似粗壮的香蕉树干，其实是以叶子包裹幼茎造成的"假茎"。

短命的香蕉

草本植物一般很短命，如我们的主要粮食——稻，它春天发芽，夏天开花，秋天结完籽后就会死去。在热带地方生长的香蕉树也一样，从发芽成长至生出果实不到一年，当长出香蕉时，其生命亦将结束。树却不同，一般都很长寿，部分寿命更可达千年。

香蕉树死得快，香蕉也烂得快，所以我也要吃得快呢！

哇呀！别乱丢香蕉皮啊！

光和叶绿素携手合作制造出绿！
草和叶为什么是绿色的？

看！也有黄色的叶！

只是枯黄了呀！这也不懂吗？

全因有叶绿素

◀图中的叶子只有绿色的部分有叶绿素。

叶子和草显出绿色，是因为它们含有一种叫"叶绿素"的物质。不过，这种物质在没有光的地方是不会显示绿色的。所以把植物长期放在黑暗的地方，它们的叶子就无法变成绿色了。叶绿素在有光的地方会进行光合作用，吸收大部分红光和蓝光，并反射出绿光，因此叶和草看起来就是绿色了。

光合作用

二氧化碳和水

淀粉和氧气

树叶也是为植物制造营养的工厂，叶绿素在光照射下吸收光能，把叶子内的二氧化碳和水合成淀粉等碳水化合物，并排出氧气。与此同时，植物也因此获得养分，得以成长。所以没有光的话，绿色植物就不能生存了。

天生的红与秋天的红不相同啊！
红色植物中有叶绿素吗？

紫苏叶是紫红色的，它有叶绿素来制造养分吗？

用酒精测试

叶绿素：光合作用制造食物

花色素：使叶子看起来是紫红色

绿色的植物有叶绿素，而且要靠它来产生光合作用，制造生存必需的养分——淀粉。

其实，红色的植物也有叶绿素。如把红色的紫苏叶放到酒精中加热，本来透明的酒精会慢慢变成淡绿色，这就是红色植物中的叶绿素了。它们的红色只因身上有能使植物变红的"花色素"（花青素）而已。

秋天的红叶又如何？

本来是绿色的叶，进入秋季时会慢慢变黄或变红，这是因为它们的叶绿素逐渐消失，叶子的绿色变淡而已。这时，叶子已无法再通过光合作用制造淀粉，所以很快就会枯萎掉落。

Q.4

原来草莓的花托才是主角！

草莓上的点点是什么？

花托与种子

草莓身上布满凹陷的地方，当中有一粒粒细小的点点，其实这些小点才是草莓真正的果实。这些果实里有很小的种子，当我们咬下去时感觉有点硬就是这个缘故。那么，红红的草莓果肉又是什么呢？原来那是托着雌蕊的花托，它肉质丰厚且鲜甜多汁，所以非常好吃。

雌蕊

雄蕊　　　　花托

草莓花在受粉后，花托逐渐变大，形成草莓本身，细小的果实则满布其上。

为什么草莓是红色的？

成熟的草莓都是红色的，因为当中含有花色素。很多植物都有这种花色素，如红叶、红花，甚至苹果皮都因为有它才会是红色的。此外，花色素还是一种天然的抗氧化剂呢。

吃这么多种子，我会长出草莓吗？

早就被你消化了，哪来得及生长啊！

胡须形状的雌蕊，真奇妙呢！

玉米的胡须有什么用？

玉米是依靠风传播花粉的，胡须状的雌蕊有利于接住花粉。

传宗接代靠胡须

在市场出售的玉米，有时仍可见到被绿色的叶子包裹着，顶部还留有黄色的、像细丝似的胡须。这些胡须原来是玉米的雌蕊，当其他玉米雄蕊上的花粉随风飞来，玉米须就会接住，受精后便结成身上排得密密麻麻的玉米粒了。此外，每一颗玉米粒都与一条胡须相连，所以玉米粒和胡须的数目是一样的呢。

雄蕊

雌蕊

近亲不能繁殖

每棵玉米都有雄蕊和雌蕊，雄蕊集中生长在玉米茎顶部的雄花穗中，雌蕊则生长在茎的中下方。不过同一棵玉米的雌蕊成长得比雄蕊迟，所以花粉不会掉在同一棵玉米的雌蕊上。这就像人类的亲生兄妹不准结婚生子一样，同一棵玉米也会避免近亲繁殖呢。

如果你的胡须也可结成玉米，会有多少颗呢？

肯定比李大猩那家伙多！

决定花的关键是有没有花蕊！

世上最大的花是什么花？

我？

这朵花传来阵阵腐臭味，一定是发生了命案，你去看看里面有没有尸体吧。

最大和最小

世界上最大的花是"大王花"，生长在马来半岛和苏门答腊一带。其花的直径可达 1.5 米，颜色是红色，部分品种有白色斑点，会发出腐肉似的恶臭，吸引苍蝇之类的昆虫来为它们传播花粉。

世界上最小的花是"芜萍"，外形似浮萍，虽没有花瓣，但因有雄蕊和雌蕊，所以也属于花的一种。它的直径只有 1 毫米，花蕾只有 0.1 毫米大，小到肉眼都几乎看不见呢。

▲苍蝇受大王花的臭味吸引，接触雄蕊时身上就沾上了花粉。

雄蕊和雌蕊

很多植物为延续物种的生存都要靠昆虫传播花粉。它们的花朵会以气味或颜色等方法吸引昆虫飞到花的雄蕊上，使花粉沾在它们身上。当这些昆虫飞到同类植物花朵的雌蕊上时，会把花粉留下。雌蕊受精后，植物就能结出果实及种子，延续自己的后代了。

> 我又不是大王花，苍蝇为何绕着我飞？

> 因为你臭！

Q.7

花香和美丽亦非为人而设！

花儿为什么会发出香味？

> 清新的花香味令人疲劳全消。

吸引昆虫的气味

有些花会发出香味，令人远远就能闻到。我们新年时喜欢买来装饰家居的水仙，还有常见的百合和菊花也会发出香味。它们以香气吸引蜜蜂、蝴蝶等昆虫来传播花粉。蒲公英、牵牛花和向日葵等没有这种需要的花，就不会发出香味了。有些花，如大王花，会发出腐臭味来吸引苍蝇。

◀花以香甜的气味吸引蜜蜂和蝴蝶传播花粉。

花为什么漂亮？

在人类眼中，很多花都非常漂亮，甚至赋予它们某种特别的意义。如母亲节送康乃馨、情人节送玫瑰花、新年就买桃花等。不过花漂亮与否和人类的口味完全没有关系，就像它们的气味一样，只是为了吸引昆虫而已。

> 别人送给我的，漂亮吗？

> 很适合你的蜜蜂装呢！

这是免除吃菠萝后感到不适的好方法！

为何吃菠萝前 要用盐水浸泡呢?

先挖起菠萝的肉，用盐水浸一会再吃吧。

咸菠萝好吃些吗?

盐水解除菠萝过敏

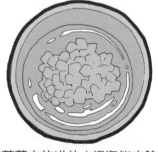

▲将菠萝肉放进盐水浸泡能去除那些致敏物质。但别浸泡过久，否则会令营养流失，甚至滋生细菌。

新鲜的菠萝（又叫凤梨）有两种成分：草酸钙和菠萝蛋白酶。草酸钙会刺激皮肤和口腔黏膜，令我们吃菠萝时口内有刺痒感。而菠萝蛋白酶可能令一些人产生过敏反应，出现恶心、呕吐、腹泻，甚至胸闷、呼吸困难等症状。

不过，只要将菠萝肉放在盐水中浸泡30分钟，就能破坏菠萝蛋白酶的致敏结构，也能中和草酸钙，减低过敏风险。之后用开水浸洗，去除咸味后便能吃了。

另一个办法

除了浸泡盐水外，用热水煮一下菠萝也是个解决方法，因为菠萝蛋白酶和草酸钙在100°C的高温下就会被破坏，同样达到消除过敏的效果。

又浸又煮真麻烦，不如吃罐头菠萝好了。

超常识奇侠

科科A怪人

来自未知的星球，拥有小孩子般体质的怪人。虽然目的是侵略地球，却又不自觉地向超常识奇侠传授知识。

风暴是如何形成的？出汗为何对身体有益？半斤八两的标准是如何制定的……漫画＋实验，生活上大大小小的科学问题，就由超常识奇侠和科科A怪人为你一一解答！

超常识奇侠

来自X89星云的超级英雄，为了保护地球而跟科科A怪人对抗。可是常识零分，老是"知少少扮代表"＊。

＊ 知少少扮代表：粤语歇后语，指只知道一点点，就以为自己掌握了全部，当起发言人来了。

漫画：西芹
原案：正文社创作组

空气振动与声音传播的关系

耳朵如何听到声音?

（本文阅读顺序从右至左）

噢噢......

超常识奇侠驾到!

什么?

你说谎!

你知道声音是怎样传入耳朵的吗?

身在X89星云的我,一听到市民的求救就立刻赶来了!

......

外耳

半规管

内耳

听神经

耳道

声音是通过空气振动传播的,我们的外耳负责接收,然后经过耳道,使鼓膜产生振动。

中耳的三块耳骨亦会随着振动,将信息传达至听神经,这样我们就能听到声音了。

耳蜗

鼓膜　锤骨　砧骨　镫骨

咽鼓管

中耳

43

振动的幅度称为音频，不同音频造就出不同音量、声线等差异。

我们的声音就是通过声带的振动而发出的。

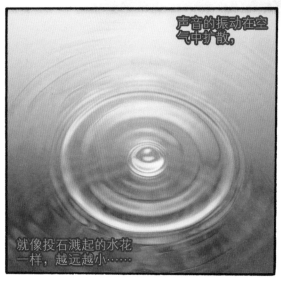

声音的振动在空气中扩散。

就像投石溅起的水花一样，越远越小……

而其他对象发出的声音，例如敲打对象，也是因为振动的缘故。

我是超人，耳朵特别灵敏，轻微振动都能接收到！

早知你会这样说，但还有一个大破绽！

听不到……

好大声！

哗！

你在X89星云那么远的地方，他们的叫声根本传不到你的耳朵里！

噗

你说刚才在X89星云，但是宇宙没有空气，所以声音无法传递！

没空气——

!!?

?

哇

哇哇！

轰～

太过分了，让人家威风一下也不行！

你给我记住！

咦，我赢了!?

成年人可听见

19000Hz   16000Hz   20Hz

小孩可听见

我是小朋友，会听到超过19000Hz的音频，这哭声让我好难受呀！

Let's Go! Rock & Roll!!

只要有科学常识，没有办不到的事情！只要你家中有碗碟、纸杯等物品，就可组成交响乐团，演奏古今乐曲啦！

科学交响乐园

{ 敲击乐部 }

材料：容器数个、铁匙或敲击道具1支、水

做法： 只要把水倒入容器中，然后用小勺敲打就会发出响声！如果水的分量不同，声音也会有分别！多用几个相同的容器，倒入不同分量的水，就可演绎出高低音，一个敲击乐器就完成了！

原理： 由于水的多少会影响到杯身振动频率，水越少的话，振动频率就越低，音调也会比较低。如果倒多点水，振动频率变高，音调就较高。试试看用几个杯子调成"do re mi……"就能演奏简单的乐曲啦！

{ 管弦乐部 }

材料：汽水罐1个、绳1条、回形针1个、胶带

原理： 当挥动汽水罐时，空气由长方孔进入罐内产生振动，从而发出声响。调整长方孔长度、汽水罐大小，甚至挥动速度也可改变声调，只要挥动时改变持绳长度和旋转力度，就会发出神奇的声音！

做法： 先将汽水罐开1个约60毫米 x 6毫米的长方孔，再在底部开个小孔。将绳子如图穿起，扣上回形针固定，并用胶带将汽水罐封口即成。拿起绳的一端，在空中挥动汽水罐，就可听到一些有趣的声音！

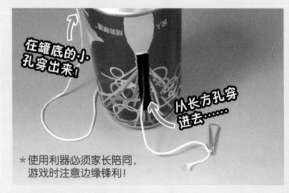

在罐底的小孔穿出来！

从长方孔穿进去……

*使用利器必须家长陪同，游戏时注意边缘锋利！

46

【吹奏乐部】

材料：塑料瓶数个、水

原理： 当向水瓶吹气时，空气振动至水面后反射回来，造成声响。水瓶内的水多少，控制着空气振动的距离，距离越短频率越高，发出的音调就越高了。

做法： 与敲击乐部相似，在塑料瓶里倒入水即可。这次的演奏方法是用嘴对着瓶口，以水平方向吹气就能发出声音！同样地用几个塑料瓶倒入不同分量的水，又成了一件完美乐器！

附加！【DJ部】

材料：玻璃容器 1 个

先洗干净你的手指，不用抹干，贴着杯边来回摩擦，就像DJ打碟一样！手指与杯边的摩擦产生振动，发出声音。平时因为手指上的油脂减低了摩擦力，所以洗净或沾水就能将之重新增强。

突 击 擂 台 阵

其实人类能听到的音频范围不算宽阔，低于听觉范围的"次声波"，和高于20000Hz的"超声波"就无法听到了！大自然中有不少动物拥有更广阔的听频范围。现在就来考考你：以下这四种动物，应该如何排序呢？

（请把正确答案填在空格上。）

狗

蝙蝠

蝉

海豚

① ➤ ② ➤ ③ ➤ 人类 ➤ ④

宽 ←————— 听 频 范 围 —————→ 窄

科幻漫画

看不见的访客 （本篇漫画阅读顺序从左至右）

漫画：张耀东
剧本：《儿童的科学》创作组

看到了，花……
花瓶飞起来了。

你看到了吗?

花瓶看起来跟
平常一样啊!

上面没有用
鱼线吊着啊!

难道是我们眼花?

啪!

哇!
鬼呀!

别……
别过来……

给我的吗?

是什么?

咦,只是
一张白纸?

会不会是用了隐形
墨水来写呢?

隐形墨水?

就像以前朋友送我的
那支暗号笔,写在纸
上不会留痕迹哦!

那要怎样才可以
看到字呢?

试试用紫外光
照在纸上吧!

隐形星球人?

你好!
我是隐形星球人,特地来到地球参观!

欢迎!欢迎你来到地球!

为什么要用紫外光灯照射才能看到字呢?

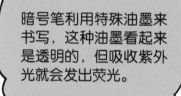
暗号笔利用特殊油墨来书写,这种油墨看起来是透明的,但吸收紫外光就会发出荧光。

原来如此!隐形星球人写字也要用隐形墨水吗?

那么用紫外光灯能看到隐形星球人的样貌吗?

看不到呢……

咦?

我来地球的目的,

他在写字呢!

是为了了解你们的隐形技术。

原来是这样吗?

太好了,学校这个星期的作业正好就是这个题目,我可为此搜集了不少资料呢!

我们也一起去看看吧!

出发!

隐形星球人有跟着来吗?

这里是什么地方？

这里是一个航空监控站。

看！那就是隐形战机了！

好有型啊！

我们明明能看到战机，为什么叫"隐形战机"呢？

根据我在网上找到的资料，"隐形战机"是指不会被雷达探测到的战机。

雷达真的没有显示出隐形战机呢！怎么会这样的？

雷达的运作原理，是将微波信号发送到天空上，这些信号会被飞机反射，再被雷达接收，并显示出飞机的位置。

飞机反射雷达信号

天线　　接收器　　雷达显示

那隐形战机呢？

一般飞机的表面是弯曲的，所以会将信号反射回天线上。

你怎么会懂得这么多？

资料的确很详尽。

因为隐形战机的表面是又平又直的，所以信号不易反射回原来的方向。而战机的外壳，亦以能吸收雷达信号的材料制作。

因为要做作业，所以我在网上和图书馆找了很多资料呢！

时空穿梭

回去吧！

除了隐形战机，还有什么隐形技术呢？

对不起……我暂时只有隐形战机的资料……

叮咚！

咦？有人来了。

博士？

小康！你有看见小健吗？

没有，有什么事吗？

这里有"隐形星球人"，但没有小健啊！

隐形星球人？

对了！

你这小贼！

小健！这次还不人赃并获！

什么？隐形星球人是小健？究竟发生什么事？

这个小健，偷了我新发明的隐形斗篷呢！

学校正在教隐形技术，我才借来试用一下罢了。

你成功研制出了隐形斗篷吗？

其实技术尚未完善，只是在试用阶段，所以我并未打算公开呢！

这斗篷真好玩，你是怎么做出来的？

好玩就可以不问自取吗？

对不起……我只不过想模仿哈利·波特，体验一下当隐形人的滋味罢了。

博士，你就原谅他，告诉我们隐形斗篷的原理吧！

下次光明正大地问我借嘛！

其实这件斗篷，是参考了日本科学家的设计造出来的。

原理只是将景物投影在斗篷上，制造出隐形的错觉。

斗篷的背面装有摄影机，并即时将景物投影在斗篷上，原理跟变色龙将皮肤变成与背景近似的颜色一样，可以将人融入背景之中，造成"隐形"的错觉。

原来是这样！

那么从不同角度看就有不同影像吗?

不是的，所以这斗篷只有从正面观看才能有最佳效果。

但他们也没看出来呀！

你说什么？

我什么也没说啊！

那么，还有其他技术可以制造出隐形效果吗？

当然有了！外国有科学家发现了"超常介质（Metamaterial）"，这种物质可以将光线折射，创造出隐形效果。

咦？

哇！

那是怎样呢？

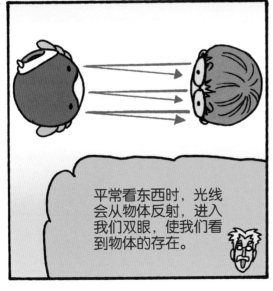

平常看东西时，光线会从物体反射，进入我们双眼，使我们看到物体的存在。

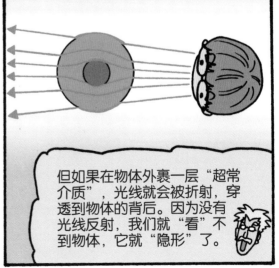

但如果在物体外裹一层"超常介质"，光线就会被折射，穿透到物体的背后。因为没有光线反射，我们就"看"不到物体，它就"隐形"了。

好神奇啊！

如果能掌握这个技术，不就可以造出隐形坦克、隐形战机、隐形导弹……然后统治地球？

如果这个技术落在坏人手上，实在太危险了！

如果街上全是看不见的人，那不是十分恐怖吗？

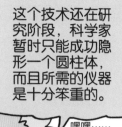

这个技术还在研究阶段，科学家暂时只能成功隐形一个圆柱体，而且所需的仪器是十分笨重的。

嘿嘿……再玩一下……

至于未来的发展，就要看你们这些新一代的科学家了！小健你听到没有？

呀！

~本集完~

显微镜 使用说明书

放大率

100X	200X	450X

附送观察胶片

Honeybee Wing

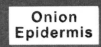

Onion Epidermis

Pigeon Feather

显微镜的构造

科学家必备工具
探索微小世界好帮手

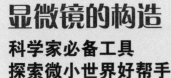

A 目镜
观看影像的地方

B 调节器
调校目镜高度进行对焦

C 物镜
可旋转以转换放大倍率

D 载物台
放置观察对象

E 反光镜
可调校角度，反射
光线照亮影像

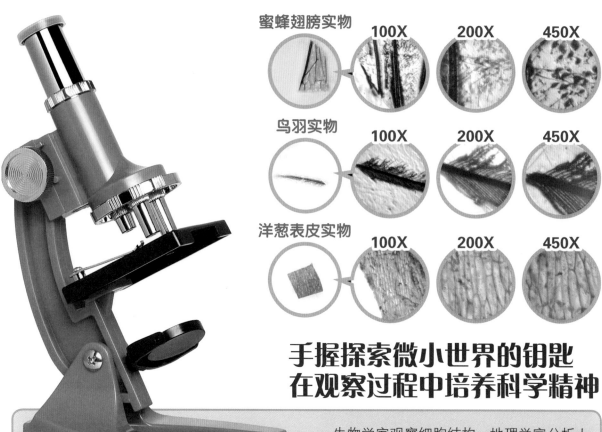

蜜蜂翅膀实物　100X　200X　450X

鸟羽实物　100X　200X　450X

洋葱表皮实物　100X　200X　450X

手握探索微小世界的钥匙
在观察过程中培养科学精神

生物学家观察细胞结构、地理学家分析土壤成分、物理学家研究材料分子构造、医生找出致病源头、基因科学家培育复制动物、产品设计师钻研纳米科技……

以上种种伟大发现，全都有赖一个工具——显微镜。

显微镜能够协助科学家进行复杂的研究，结构其实非常简单。别小看你手上这个显微镜，它只利用了几片透镜，就可以将对象放大 100 倍、200 倍，甚至 300 倍，带你进入神秘又多姿多彩的微小世界。

使用显微镜的方法十分简单，只要几个步骤，你就可以将身边的事物放大。立即开始细心观察，向着科学家的路进发吧！

⚠ 注意事项

1. 此产品不适合三岁以下儿童。
2. 此产品含细小部件，小心勿让儿童误放入口、鼻或耳朵造成伤害。
3. 使用后应妥善收藏本产品，放置于幼童不能取得的地方。
4. 请依指示使用本产品，除实验外切勿作其他用途。
5. 改变放大率后要重新对焦，才可以看到清晰影像。
6. 切勿用显微镜直视太阳，以免阳光伤害眼睛。
7. 不要用手指触摸显微镜镜片。如发现镜片有尘或污垢，可以用绒布清洁。

本实验器材是为配合本册图书中科学实践专辑特别制作，规格参数与实验要求完全一致。为更好地掌握相关科学知识，未购买配套器材的读者，可扫此二维码购买单独的实验器材。